高级技工学校电气自动化设备安装与维修专业

变频技术（第二版）习题册

李长军 主编

中国劳动社会保障出版社

简介

本习题册为高级技工学校电气自动化设备安装与维修专业教材《变频技术（第二版）》的配套用书。习题册按照教材章节顺序编写，内容紧扣教学要求，知识点分布均衡，习题难易适中。

本习题册由李长军任主编，肖云、郭庆玲、徐海滨、陈淑凤参与编写。

图书在版编目（CIP）数据

变频技术（第二版）习题册 / 李长军主编 . -- 北京：中国劳动社会保障出版社，2024. --（高级技工学校电气自动化设备安装与维修专业）. -- ISBN 978-7-5167-6789-4

Ⅰ. TN77-44

中国国家版本馆 CIP 数据核字第 2024PS1124 号

中国劳动社会保障出版社出版发行

（北京市惠新东街 1 号　邮政编码：100029）

*

涿州市星河印刷有限公司印刷装订　　新华书店经销

787 毫米 ×1092 毫米　16 开本　2.75 印张　64 千字

2024 年 10 月第 1 版　　2025 年 11 月第 2 次印刷

定价：6.00 元

营销中心电话：400-606-6496

出版社网址：https://www.class.com.cn

https://jg.class.com.cn

目　录

第一章　变频器基础知识

§1-1　三相交流异步电动机的调速

一、填空题（将正确答案填在横线上）

1．三相交流异步电动机定子绕组产生旋转磁场的条件：一是定子绕组是________绕组；二是通入定子绕组的交流电是________交流电。

2．三相交流异步电动机，当定子绕组接通三相交流电源后，定子空间会产生____________，其转向由电源的__________决定。

3．三相交流异步电动机的调速方法有：__________调速、__________调速和____________调速。

4．变极调速是在电源__________不变的条件下，通过改变定子磁极对数的方式改变同步转速，从而达到调速的目的。

5．在频率恒定的情况下，电动机的同步转速与磁极对数成__________，磁极对数增加一倍，同步转速将________________，从而引起异步电动机转子转速__________。

6．当电动机以额定转速运行时，转差率 s 很小，约为____________；当电动机空载运行时，n 略小于 n_1，s 约等于______。

7．实现变转差率调速的方法有很多，如____________、转子串电阻调速、__________等。

8．三相交流异步电动机的变频调速必须按照一定规律同时改变其定子_________和频率，采用所谓____________调速控制。

二、选择题（将正确答案的序号填在括号内）

1．只适用于绕线型异步电动机的调速方式是（　　）调速。

A．变极　　B．变转差率　　C．变频　　D．滑差离合器

2．下列选项中，不属于变频调速特点的是（　　）。

A．静态稳定性好　　B．调速范围大

C．运行效率高　　D．机械特性较软

3．基频以上恒功率（恒电压）变频调速时，随着 f_1 的升高，即转速升高，主磁通 Φ_m 必须相应（　　）才能保持平衡。

A．升高　　B．下降　　C．基本不变　　D．不确定

4．在三相交流异步电动机的调速方法中，调速性能最好的是（　　）。

A．变转差率调速　　B．变频调速

C．变极调速　　D．不确定

三、判断题（正确的打“√”，错误的打“×”）

1. 在三相交流异步电动机中，产生旋转磁场的条件是在定子绕组中通入三相对称的交流电。（　）

2. 旋转磁场的转速与三相交流电的频率和三相交流异步电动机的磁极对数有关。（　）

3. 在电动机启动瞬间，转子转速 n=0，转差率 s=1。（　）

4. 变频调速具有调速性能好、调速范围大，静态稳定性好，运行效率高等优点。（　）

5. 变转差率调速一般只适用于笼型异步电动机。（　）

6. 变频调速能实现三相交流异步电动机的无级调速。（　）

7. 恒功率变频调速又称弱磁通变频调速。（　）

8. 恒磁通变频调速实质上就是恒转矩调速。（　）

四、简答题

1. 简述三相交流异步电动机旋转磁场的产生过程。

2. 简述三相交流异步电动机的调速方法和特点。

3．三相交流异步电动机在变频调速时，为何采用 VVVF 调速控制方式？

§1–2　变频器的组成与工作原理

一、填空题（将正确答案填在横线上）

1．变频器是一种利用电力半导体器件的________作用，将工频交流电源变换成________、________连续可调的适合交流电动机调速的调速装置。

2．变频器的分类方式有多种，按照主电路工作方式分类，可分为________型变频器和________型变频器；按照输出电压调制方式分类，可分为________控制变频器、________控制变频器和高载频 PWM 控制变频器；按照工作原理分类，可分为________控制变频器、________控制变频器、________控制变频器和________控制变频器等。

3．变频器主要由主电路和控制电路组成，其中主电路包括________、中间直流环节和________三部分。

4．变频器的控制电路是为主电路提供关键控制信号的电路。它通常由________电路、________电路、控制信号的________电路和________电路等构成。其主要任务是实现对________开关元件的开关控制、对整流器________的控制以及各种保护功能等。

5．变频器控制电路的控制方式有________控制和________控制两种。

6．主控制板是变频器运行的控制中心，其核心器件是________（单片机）或________。

7．变频器的内部电源普遍采用________稳压电源，电源板主要提供的直流电源有________电源、________电源和________电源。

8. 逆变器是变频器的核心器件，它在控制电路的作用下，可将直流电路输出的直流电转换成__________和__________均可控制的交流电。

9. 变频器最常见的逆变电路结构形式是利用六个__________器件组成的三相桥式逆变电路。目前，最常用的开关器件有__________（SCR）、__________晶闸管（GTO）、__________（GTR）、__________晶体管（MOSFET）和__________晶体管（IGBT）等。

10. 晶闸管从外形上可分为__________和__________两种。

11. 电力场效应晶体管是一种单极型的__________器件，其输入阻抗____，驱动功率______，驱动电路简单，开关速度_______。

12. 绝缘栅双极晶体管是一种__________半导体器件，它将________与________的优点集于一身，具有________的输出特性，________的开关能力以及_______频率的工作状态。

二、选择题（将正确答案的序号填在括号内）

1. 下列选项中，不是按变频器工作原理进行分类的是（　　）。

A. *U/f* 控制变频器　　B. 转差频率控制变频器

C. 矢量控制变频器　　D. 高频变频器

2. 三菱 FR-E840-3.7K 型变频器的额定容量为（　　）kW。

A. 740　　B. 0.74　　C. 3.7　　D. 40

3. IGBT 是一种复合型三端电力半导体器件，其工作频率通常可达（　　）kHz 以上。

A. 5　　B. 10　　C. 15　　D. 20

4. IGBT 的耐压、耐流能力均优于 MOSFET 和 GTR，其最大电流和最高电压的承载能力分别可达到（　　）。

A. 500 A 和 4 500 V　　B. 1 800 A 和 3 500 V

C. 1 500 A 和 3 500 V　　D. 1 800 A 和 4 500 V

5. 用指针式万用表检测 IGBT 的质量好坏，测得 IGBT 三个引脚间的电阻值均很小，说明该管（　　）。

A. 正常　　B. 击穿损坏　　C. 开路损坏　　D. 无法确定

6. 用指针式万用表检测 IGBT 的质量好坏，测得 IGBT 三个引脚间的电阻值均为无穷大，说明该管（　　）。

A. 正常　　B. 击穿损坏　　C. 开路损坏　　D. 无法确定

三、判断题（正确的打“√”，错误的打“×”）

1. 变频器的控制对象主要是三相交流异步电动机和三相交流同步电动机。（　　）

2. 变频器按照主电路工作方式的不同，可分为电压型变频器和电流型变频器。（　　）

3. 逆变器的作用是将直流电路输出的直流电转换成频率可调的交流电。（　　）

4. 三菱 FR-E800 型变频器在运行监视模式下，可显示频率、电压、电流等各种运行数据。（　　）

5. 变频器的内部主控制板电源具有极好的稳定性和抗干扰能力。（　　）

6．晶闸管属于电压控制型元件，其工作频率低，效率高。（　　）

7．电力晶体管也称巨型晶体管，是一种双极型、大功率、高反压晶体管。（　　）

8．在对变频器进行测量时，必须确认主回路滤波电解电容器放电完毕后才能进行。（　　）

四、简答题

1．简述变频器的基本构成及各部分的作用。

2．变频器除可按主电路工作方式、输出电压调制方式、工作原理以及用途进行分类外，还有哪些其他分类方式?

3．简述变频器主控制板的主要功能。

4．简述变频器整流模块的在线检测方法。

5．简述变频器逆变模块的在线检测方法。

6．简述 IGBT 的检测方法。

（1）极性判断

（2）好坏检测

五、技能题

1．写出下列变频器型号代表的具体含义。

FR–E840–0.75K–CHT：______________________________

____

FR–F820–0050–4–60：______________________________

____

2．拆装变频器（型号自定）。

（1）变频器操作面板的拆卸

步骤一：

步骤二：

（2）变频器操作面板的安装

步骤一：

步骤二：

（3）变频器前盖板的拆卸

步骤一：

步骤二：

（4）变频器前盖板的安装

步骤一：

步骤二：

拆装变频器的注意事项：

§1–3 变频器的控制方式

一、填空题（将正确答案填在横线上）

1. 在三相交流异步电动机的变频调速系统中，变频器可以根据电动机的特性，对供电__________、__________、__________等进行适当控制。

2. 目前，变频器在电动机控制领域的应用主要涵盖__________控制、__________控制、__________控制和__________控制等多种方式。

3. *U*/*f* 恒定控制是在改变电动机电源__________的同时，亦同步改变电动机电源的________，使电动机__________维持恒定，在较宽的调速范围内，电动机的效率、功率因数不下降。

4. 实现变频变压的常用方式有__________调制（PAM）、__________调制（PWM）和__________调制（SPWM）等。

5. PWM 调制技术是指在维持整流后直流电压恒定的情况下，在调整输出频率的同时，通过改变输出脉冲的__________（或用占空比表示），进而实现对等效输出__________的有效调节。

6. 目前，在变频器中实际应用的矢量控制方式主要有__________的矢量控制方式和__________的矢量控制方式两种。

7. 基于转差频率的矢量控制要经过坐标变换对电动机定子电流的________进行控制，使之满足一定条件，以消除＿＿＿＿＿＿过渡过程中的波动。

8. 无速度传感器矢量控制是通过坐标变换处理分别对＿＿＿＿＿电流和＿＿＿＿＿电流进行控制，然后通过控制电动机定子绕组上的电压、电流辨识转速，以达到控制＿＿＿＿＿电流和＿＿＿＿＿电流的目的。

二、选择题（将正确答案的序号填在括号内）

1. 变频器采用 *U/f* 恒定控制方式，其在实现变频变压的过程中应用最广泛的是（　　）方式。

A. PAM　　B. PWM　　C. SPWM　　D. SVPWM

2. 下列选项中，不属于矢量控制优点的是（　　）。

A. 低频转矩大　　B. 机械特性较硬

C. 动态响应好　　D. 调速范围窄

三、判断题（正确的打“√”，错误的打“×”）

1. PAM 调制方式在采用晶闸管逆变器的中大功率变频器中应用广泛。（　　）

2. PWM 调制方式的载频信号 U_C 多采用单极性方波信号。（　　）

3. 转差频率控制方式比 *U/f* 恒定控制方式的调速精度高。（　　）

4. 矢量控制是变频器的一种高性能控制方式，具有低频转矩大、机械特性硬和动态响应好等优点。（　　）

5. 直接转矩控制方式是一种新型交流变频调速技术，其转矩响应迅速，而且无超调，具有较高的动静态性能。（　　）

四、简答题

1. 简述变频器的控制方式及特点。

2. 简述 *U/f* 恒定控制的控制原理。

3．变频器调速时为何要保持磁通恒定？保持磁通恒定的条件有哪些？

第二章　变频器的基本操作与控制

§2–1　变频器的面板操作与控制

一、填空题（将正确答案填在横线上）

1. 变频器的操作面板可以进行________模式切换、________模式更换、________设定、参数设定以及________清除等基本操作。

2. 变频器的监视模式主要用于显示变频器的工作________、电流大小、________大小和发出________信息，以便用户及时了解变频器的工作状况。

3. 报警记录清除可以消除所有报警记录，参数清除可将参数恢复到出厂设定值。其操作要点是将参数________和参数________的值设为“1”。

4. 变频器的运行模式是指通过输入________及设定________来启动和调节设备的工作状态。变频器的运行模式包括________、________、________和________等。

5. 将变频器的 Pr.79 参数值设为________即为 PU 运行模式。

6. 变频器的参数可分为基本参数、________参数、________参数、________参数和________参数等。

7. 基本参数是指变频器运行所必须具备的参数，主要包括________、________、________、________、上限频率与下限频率、________、________和电子热过载保护等。

8. 变频器常见的频率给定方式有________给定、________给定和________给定等。

9. 通过控制变频器数字量端口的通断来控制变频器的频率给定的方法有两种：一是________给定；二是________给定。

10. 常用的变频器运行控制方式有________控制、________控制和________控制三种。

11. 三菱 FR–E840 型变频器的基准频率参数 Pr.3 和基准频率电压参数 Pr.19，分别是用于将变频器的________和________调整至额定值。

12. 变频器切换到________运行模式时，可用操作面板进行点动运行控制。

13. 变频器在驱动电动机时，为确保电动机在低频启动阶段能够稳定且不过载运行，必须合理设置变频器的________参数。

14. 当使用普通三相交流电动机工作时，一般将变频器的________设定为电动机的额定频率。

15. 与变频器保护相关的参数主要有________、________、________

________和________________等。

16．变频器的停止方式有____________和____________两种，主要通过参数____________进行设置。

17．当变频器参数 Pr.78 的值设定为________时，变频器正转和逆转均可；当设定为________时，变频器不可逆转；当设定为_______时，变频器不可正转。

18．变频器配线完毕后，要再次检查接线是否正确，有无漏接现象，端子和导线间是否________或接地。

二、选择题（将正确答案的序号填在括号内）

1．变频器的频率给定不能通过（　　）。

A．操作面板的加 / 减速按键来直接输入变频器的运行频率

B．外部信号输入端子来直接输入变频器的运行频率

C．测速发电机的两个端子来直接输入变频器的运行频率

D．通信接口来直接输入变频器的运行频率

2．三菱 FR-E840 型变频器输出频率、输出电流和输出电压三种监视模式的切换可在监视模式下，按（　　）键进行。

A．SET　　B．MODE　　C．FWD　　D．REV

3．三菱 FR-E840 型变频器运行模式的选择可通过参数（　　）进行设置。

A．Pr.77　　B．Pr.78　　C．Pr.79　　D．Pr.161

4．三菱 FR-E840 型变频器的加速时间设置参数是（　　）。

A．Pr.7　　B．Pr.8　　C．Pr.9　　D．Pr.13

5．三菱 FR-E840 型变频器的减速时间设置参数是（　　）。

A．Pr.7　　B．Pr.8　　C．Pr.9　　D．Pr.13

6．三菱 FR-E840 型变频器的电子过电流保护设置参数是（　　）。

A．Pr.7　　B．Pr.8　　C．Pr.9　　D．Pr.13

7．三菱 FR-E840 型变频器点动频率的设置参数是（　　）。

A．Pr.7　　B．Pr.8　　C．Pr.15　　D．Pr.16

8．三菱 FR-E840 型变频器点动加减速时间的设置参数是（　　）。

A．Pr.7　　B．Pr.8　　C．Pr.15　　D．Pr.16

三、判断题（正确的打“√”，错误的打“×”）

1．三菱 FR-E800 系列变频器具有过载能力强、控制功能多、应用场合广泛等优点。（　　）

2．三菱 FR-E800 系列变频器属于简易型变频器。（　　）

3．参数清除是将参数初始化到出厂设定值。（　　）

4．参数全部清除是将参数值和校准值全部初始化到出厂设定值。（　　）

5．三菱 FR-E840 系列变频器，若要禁止参数写入，应将 Pr.77 的值设为“1”。（　　）

6．将参数复制到目标变频器后，运行前务必对变频器进行复位。（　　）

7．电位器给定属于数字量给定，精度较高。（　　）

8．变频器的运行控制方式是指如何控制变频器的基本运行功能。 （ ）

9．如果变频器的启动频率参数（Pr.13）设定值小于给定频率，变频器将不能启动。

（ ）

四、简答题

1．简述变频器主电路接线时的注意事项。

2．简述利用变频器操作面板对电动机进行启动和停止控制的操作方法。

3．简述变频器各种频率给定方式的特点。

4．变频器为何要设置上限频率和下限频率？

5．变频器为何要设置加 / 减速时间？

6．变频器设置加 / 减速时间的依据是什么？

五、技能题

通过 PU 单元控制变频器的正反转运行，具体运行要求如图 2–1 所示；请在 90 min 内完成变频器控制原理的电路设计、安装接线以及运行调试。

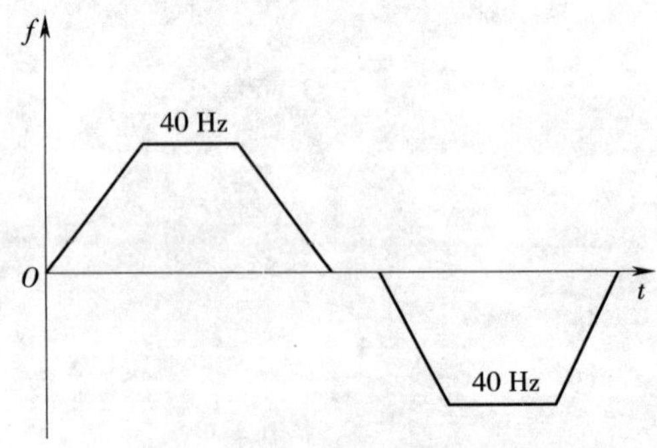

图 2–1　变频器运行示意图

1．电路设计

根据控制要求，画出变频器的控制原理电路。

2．工具设备及元器件选择

根据控制原理电路，写出变频器电路安装检查所需的工具设备及元器件名称和型号等。

3．安装接线

写出安装接线的主要步骤和注意事项。

4．参数设置

写出变频器的参数设置清单。

5．运行调试

写出调试步骤和调试结果。

§2–2　变频器外部端子的操作与控制

一、填空题（将正确答案填在横线上）

1．变频器的接线主要有两部分：一部分是主电路接线，即连接________与____________；另一部分是控制电路接线，即连接__________________与_________________。

2．变频器接线时，输入电源必须接到端子____________上，输出电源必须接到端子_____________上，若接错，会损坏变频器。

3．在变频器运行过程中，若要改变接线，必须切断电源并等待_______min 以上，然后用万用表检查电压，确保安全后再进行作业。

4．在三菱 FR–E840 型变频器中，端子 SD 和 5 为 I/O 信号__________端子，接线时要注意相互隔离，不能互相_________或__________。

5．控制电路端子的接线应使用_________线或_________线，而且必须与主电路、强电回路（含 220 V 继电器控制电路）分开布线。

6．由于控制回路的频率输入信号是微小电流，为了防止接触不良，微小信号接点应采用____________触点或____________触点。

7. 连接控制电路端子的电线建议使用 0.3 ~ 0.75 mm^2 规格的电线。如果使用 1.25 mm^2 或以上规格的电线，当配线数量多或配线不恰当时，易使表面护盖松动，从而导致________或________接触不良。

8. 外部运行控制是指通过变频器控制端子上的________，以实现对电动机________和________精准控制的方法。

9. 变频器的模拟量给定信号通常采用电压信号和电流信号。电压给定信号的范围有________、________、________、________等；电流给定信号的范围有________、________等。

10. 三菱 FR–E840 型变频器的模拟量端子有两路：第一路是由端子 10 和 5 为用户提供的一个高精度的________电源，端子 2 为________输入口；第二路是由端子________和________组成，模拟信号由此端子输入（电流输入）。

11. 三菱 FR–E840 型变频器的组合运行模式是运用________和________共同控制变频器运行的一种方法，一般有两种控制模式，即________和________。

12. 组合运行模式 1 是用参数单元控制电动机的________，外部接线控制电动机的________。

13. 组合运行模式 2 是用参数单元控制电动机的________，外部接线控制电动机的________。

14. 三菱 FR–E840 型变频器的多段速度选择端子，RH 表示________、RM 表示________、RL 表示________。

15. 三菱 FR–E840 型变频器的多段速运行，其运行速度参数由________单元来设定，并通过________的组合进行切换。如果不使用________信号，仅通过 RH、RM、RL 的开关信号组合，最多可实现 7 段速的运行控制；如果使用，则可实现 15 个段速的运行控制。

16. 在三段速运行控制场景中，当两段以上的速度设定被同时选择时，低速信号的设定频率________。

二、选择题（将正确答案的序号填在括号内）

1. 变频器上的 R、S、T 端子是变频器的（　　）端子。

　A．主电路电源输入　　B．变频器输出

　C．制动电阻连接　　D．直流电抗器连接

2. 变频器连接控制电路端子的电线建议使用（　　）mm^2 规格的电线。

　A．0.75　　B．1.5　　C．2.5　　D．4

3. 变频器的接线长度不应超过（　　）m。

　A．5　　B．10　　C．20　　D．30

4. 三菱 FR–E840 型变频器的 STR 是（　　）端子。

　A．正转启动　　B．反转启动

　C．启动自保持选择　　D．多段速选择

5. 三菱 FR–E840 型变频器的 STF 是（　　）端子。

　A．正转启动　　B．反转启动

　C．启动自保持选择　　D．多段速选择

6．三菱 FR–E840 型变频器的 JOG 是（　　）端子。

A．正转启动　　　　B．反转启动

C．启动自保持选择　　　　D．点动运行选择

7．当需要用外部信号启停电动机，用 PU 调节频率时，即可选择“组合运行模式 1”，其参数 Pr.79 的值应设定为（　　）。

A．2　　B．1　　C．3　　D．4

8．当需要用 PU 启停电动机，用电位器调节频率时，则可选择“组合运行模式 2”，其参数 Pr.79 的值应设定为（　　）。

A．2　　B．1　　C．3　　D．4

9．当进行多段速控制时，REX 信号接在端子 CS 上，此时参数 Pr.186 的值应设为（　　）。

A．2　　B．6　　C．8　　D．4

三、判断题（正确的打“√”，错误的打“×”）

1．三相交流电源可以接到变频器的 U、V、W 端子上。（　　）

2．当在 P/+ 和 PR 端子间接制动电阻时，端子间原来的短路片必须拆下。（　　）

3．变频器输出侧可以安装电力电容器等设备。（　　）

4．为了防止触电，变频器应至少断电 10 min 以上，才可进行变线操作。（　　）

5．控制电路端子的接线应使用屏蔽线或双绞线，强电回路与控制电路必须分开布线，以防产生干扰。（　　）

6．配电线路安装完毕后，应对照电路图检查接线，确认正确后方可通电试验。（　　）

7．在安装元器件时，应先检查元器件的质量好坏，再进行安装。（　　）

四、简答题

1．写出三菱 FR–E840 型变频器的运行模式选择参数及其设定值的含义。

2．画出三菱 FR–E840 型变频器两种组合运行模式的控制原理电路。

3．如果外部模拟电压为 DC 0 ～ 10 V，应如何设置变频器参数？

五、技能题

1．识读变频器的主控端子，并写出端子含义。

（1）R、S、T：

（2）U、V、W：

（3）P/+、N/-：

（4）P/+、PR：

2．利用外部端子控制变频器的正反转运行，由电位器控制转速，运行示意图如图 2–1 所示；请在 90 min 内完成变频器控制系统的电路设计、线路安装以及运行调试。

（1）电路设计

根据控制要求，画出变频器的控制电路。

（2）工具设备及元器件选择

根据控制原理电路，写出电路安装检查所需的工具设备及元器件名称和型号等。

（3）安装接线

写出安装接线的主要步骤和注意事项。

（4）参数设置

写出变频器的参数设置清单。

（5）运行调试

按步骤写出运行调试的方法和结果。

3．一台由电动机拖动的生产机械，要求实现多段速手动变速运行，每个频段都由外部端子控制，各频段频率分别为 5 Hz、10 Hz、20 Hz、50 Hz；请在 90 min 内完成变频器控制系统的电路设计、线路安装以及运行调试。

（1）电路设计

根据控制要求，画出变频器的控制电路。

（2）工具设备及元器件选择

根据控制原理电路，写出电路安装检查所需的工具设备及元器件名称和型号等。

（3）安装接线

写出安装接线的主要步骤和注意事项。

（4）参数设置

写出变频器的参数设置清单。

（5）运行调试

填写调试结果：

设置四段速度运行，加速时间为_______s，减速时间为_______s（加速和减速时间，可自行设定）。

第一段转速为_________r/min，频率为_________Hz。

第二段转速为_________r/min，频率为_________Hz。

第三段转速为_________r/min，频率为_________Hz。

第四段转速为________r/min，频率为________Hz。

（6）画出四段速运行的 n–t 曲线图，要求标明时间坐标和转速坐标。

§2–3　变频器的制动、保护和显示控制

一、填空题（将正确答案填在横线上）

1．变频器输出频率从____________________下降至______Hz 所需要的时间，称为减速时间。

2．变频器的减速方式主要有________减速和________减速。

3．一般情况下，负载都选用__________减速方式；对于加减速时需要减缓噪声、振动以及其他冲击的负载，可选用_________减速方式。

4．变频器停止就是将电动机的转速降为________的操作，一般有______停止和____________停止两种方式。

5．变频器常用的制动方式有________制动、__________制动和______制动三种。

6．电动机在减速和停机过程中产生的再生电能通过变频器________回路中的制动电阻和______________进行消耗，实现变频器的快速停止，该制动方式称为__________制动。

7．使用变频器时，用户应根据负载运行情况选配制动单元和____________。

8．再生回馈制动是指变频器专门加设__________单元，当电动机处于再生制动状态时，将再生电能逆变为与电网同频率、同__________的交流电回送电网，从而实现制动。

9．直流制动是指当变频器输出频率接近零，电动机转速降低到一定数值时，由变频器向异步电动机的定子绕组通入________电，形成静止磁场，转子切割静止磁场产

生＿＿＿＿＿＿＿，使电动机迅速停止的制动方式。

10．直流制动的三要素是＿＿＿＿＿＿＿＿＿＿、＿＿＿＿＿＿＿＿＿＿和＿＿＿＿＿＿＿＿＿＿。

11．通常情况下，直流制动起始频率应尽可能设定得＿＿＿＿＿，一般设定范围是＿＿＿＿＿Hz。

12．直流制动电压值U_{DB}的设定主要是依据＿＿＿＿＿＿的惯性来合理设置，惯性越大，则U_{DB}＿＿＿＿＿。一般直流制动电压的设定范围为变频器额定输出电压的＿＿＿＿＿＿%。

13．变频器具有多种保护功能，大致可分为变频器的＿＿＿＿＿＿＿＿保护和电动机的＿＿＿＿＿＿＿＿保护。此外，变频器还设有＿＿＿＿＿＿＿＿机制，通过呈现明确的＿＿＿＿＿＿＿＿，能够准确识别变频器的故障类型。

14．电动机的过载保护也被称为＿＿＿＿＿＿＿＿＿＿＿功能。

15．变频器配置发光二极管主要是用于显示＿＿＿＿＿＿和＿＿＿＿＿＿。

16．变频器操作面板上显示屏的显示功能包括＿＿＿＿＿显示、＿＿＿＿＿显示和＿＿＿＿＿＿＿＿显示等。

17．故障代码显示是指变频器发生故障跳闸后，显示屏会显示相应故障代码。故障代码通常有两种表示法：一种是＿＿＿＿＿＿＿＿＿＿表示法；另一种是＿＿＿＿＿＿表示法。

18．三菱变频器加速过电流跳闸的故障代码是＿＿＿＿＿；加速时再生过电压跳闸的故障代码是＿＿＿＿＿＿；电动机过载跳闸的故障代码是＿＿＿＿＿。

19．变频器多功能开关输出端子的主要功能是用于变频器的＿＿＿＿＿、＿＿＿＿＿＿＿和＿＿＿＿＿＿＿＿＿。

20．三菱 FR–E840 型变频器有一路＿＿＿＿＿＿输出和一路＿＿＿＿＿＿输出，出厂时 AM 端子的功能为＿＿＿＿＿＿＿＿＿＿；FM 端子为＿＿＿＿＿＿＿＿＿，主要用作＿＿＿＿＿＿＿＿＿。

二、选择题（将正确答案的序号填在括号内）

1．三菱 FR–E840 型变频器停止方式的选择，主要通过参数（　　）进行设置。

A．Pr.79　　B．Pr.161　　C．Pr.250　　D．Pr.866

2．三菱 FR–E840 型变频器的直流制动电压（转矩）是通过参数（　　）进行设置，该参数主要是对电源电压的百分比进行调整。

A．Pr.79　　B．Pr.10　　C．Pr.250　　D．Pr.12

3．三菱 FR–E840 型变频器的直流制动时间t_{DB}是指变频器实施直流制动（零速控制 / 伺服锁定）的时间，其设定主要依赖 X13 信号和参数（　　）。

A．Pr.79　　B．Pr.10　　C．Pr.11　　D．Pr.12

4．三菱 FR–E840 型变频器的直流制动起始频率f_{DB}主要通过参数（　　）进行设置。

A．Pr.79　　B．Pr.10　　C．Pr.11　　D．Pr.12

5．三菱 FR–E840 型变频器的电子过电流保护设定参数是（　　）。

A．Pr.7　　B．Pr.8　　C．Pr.9　　D．Pr.13

6．西门子变频器 F001 故障代码的含义是（　　）。

A．过电流　　　　B．过电压　　　　C．欠电压　　　　D．变频器过热

7．西门子变频器 F002 故障代码的含义是（　　）。

A．过电流　　　　B．过电压　　　　C．欠电压　　　　D．变频器过热

三、判断题（正确的打“√”，错误的打“×”）

1．再生回馈制动方式适用于卷扬机、起重机等大、中功率的机械设备制动。（　　）

2．电动机电子过流保护也称电子热保护器功能，主要对电动机进行过载保护。（　　）

3．变频器的脉冲输出端子可以用来外接频率计，显示运行频率。（　　）

四、简答题

1．简述变频器的制动方式及制动原理。

2．当电动机采用直流制动时，变频器需要设置哪些参数？

§2–4　变频器的 PID 控制

一、填空题（将正确答案填在横线上）

1．变频器的 PID 控制是变频器与__________元件构成的一个闭环控制系统，其作用是实现对___________的自动调节。在温度、压力、流量和液位等参数要求恒定的场合应用广泛，也是变频器在节能控制应用中的常用控制方法。

2．PID 控制也称比例、积分、微分控制，实为一种经典的自动控制______。

3. 在工业生产和机械设备的自动控制中，P、I、D 一般不会单独使用，而是会根据不同的生产需要，组合成多种控制方式，如________控制、________控制和________控制等。

4. 比例控制是控制参数的________，其作为一种基础控制主要是反映控制作用的________。

5. PI 控制是________控制和________控制的组合，它是根据偏差及时间变化，产生一个执行量。

6. PID 控制集合了 PI 控制和 PD 控制的优点，可获得________、________和________的控制过程。

7. 变频器实现 PID 控制有两种方法：一种是通过变频器的________来实现；另一种则是利用________来实现。

二、选择题（将正确答案的序号填在括号内）

1. 三菱 FR–E840 型变频器采用内置 PID 功能进行控制，通过参数 Pr.178 ~ Pr.184 设定某一端子输入（　　）信号，当该信号接通时，PID 功能才有效。

A. X14　　B. 2　　C. 5　　D. 10

2. 三菱 FR–E840 型变频器 PID 反馈信号的输入端子可选端子 4，端子 4 的输入选择可由参数（　　）进行设置。

A. Pr.79　　B. Pr.10　　C. Pr.250　　D. Pr.267

3. 三菱 FR–E840 型变频器 PID 正 / 负作用的控制参数是（　　）。

A. Pr.79　　B. Pr.10　　C. Pr.11　　D. Pr.128

4. 三菱 FR–E840 型变频器，其 PID 控制的给定信号设置参数为（　　），设定值为百分数。

A. Pr.79　　B. Pr.10　　C. Pr.133　　D. Pr.128

三、判断题（正确的打“√”，错误的打“×”）

1. 变频器的 PID 控制属于闭环控制系统。（　　）

2. 比例控制（P）是一种最简单的控制方式，P 值越大，作用越强，响应越快，系统稳定性越好。（　　）

3. PI 控制是根据偏差及时间变化，产生一个执行量，当偏差为零时，系统达到稳定运行。（　　）

4. 在进行变频器 PID 控制调试时，当被控物理量在目标值附近振荡时，首先加大积分时间 I，如仍有振荡，则可适当减小比例增益 P。（　　）

5. 在实际应用中，可现场设定 P 和 I 的参数，微分参数一般不设定。（　　）

四、简答题

1. 简述变频器 PID 控制的控制原理。

2．简述 PID 控制反馈信号的接入方法。

3．简述变频器 PID 控制的调试方法。

五、技能题

基于三菱 FR–E840 型变频器的内置 PID 控制功能，设计一个由单台水泵驱动的恒压供水系统。控制要求：

（1）管网压力为 0.3 MPa。

（2）压力采集信号采用 4 ~ 20 mA 的两线压力传感器。

（3）系统上限报警压力为 1.0 MPa，下限报警压力为 0 MPa。

请在 120 min 内完成控制系统的原理电路设计、安装接线以及运行调试。

1．电路设计

根据控制要求，画出变频器的控制原理电路。

2．工具设备及元器件选择

根据控制原理电路，写出电路安装检查所需的工具设备及元器件名称和型号等。

3．配线安装

写出配线安装的主要步骤和注意事项。

4．参数设置

写出变频器的参数设置清单。

5．运行调试

写出系统空载模拟调试的方法和结果。

第三章　PLC与变频器的联机控制

一、填空题（将正确答案填在横线上）

1．PLC与变频器的连接方式有三种：一是利用PLC的________________输入/输出模块控制变频器；二是利用PLC______________输出模块控制变频器；三是利用PLC的__________端口控制变频器。

2．PLC和变频器应避免使用共同的_____________，且在接地时要使二者尽可能分开。

3．PLC和变频器连接应用时，控制信号线应采用_________线或________线，以提高抗电磁谐波干扰的水平。

4．为了防止触电、火灾和降低电磁谐波等，变频器必须连接_________端子。

二、选择题（将正确答案的序号填在括号内）

1．在设计原理电路时，应具备完善的（　　）功能。

A．短路　　B．开路　　C．过载　　D．保护

2．PLC与变频器的控制端子可（　　）连接。

A．直接　　B．直接或外接驱动继电器

C．采用485通讯　　D．采用外接驱动继电器

三、判断题（正确的打"√"，错误的打"×"）

1．PLC的开关量输出端直接与变频器控制端子连接的控制接线简单，抗干扰能力强。（　　）

2．变频器与PLC在进行接地连线时，可以共用一个接地线。（　　）

3．变频器在配线时，通过使用屏蔽线或双绞线可以提高抗电磁谐波干扰的水平。（　　）

四、简答题

1．简述变频器与PLC连接的注意事项。

2．简述设计 PLC 与变频器联机控制系统的方法与步骤。

五、技能题

一台由电动机拖动的生产机械，要求使用 PLC 与变频器进行自动控制运行改造，要求实现 4 段速运行，运行频率分别为 30 Hz、40 Hz、45 Hz、50 Hz。具体控制要求是：

（1）按下启动按钮，变频器控制电动机以 30 Hz 正转运行 3.5 s → 45 Hz 正转运行 3 s → 40 Hz 反转运行 3.5 s → 50 Hz 反转运行 4.5 s，此为一个工作循环，之后不断重复该工作循环。

（2）按下停止按钮，变频器完成一个工作循环后停止。

（3）按下急停按钮，变频器立即停止运行。

（4）HL 为系统工作指示灯，设备未启动时 HL 熄灭；按下启动按钮，设备启动后，HL 常亮；按下停止按钮，设备未运行完本次循环时，HL 以 1 Hz 频率闪烁，待本次循环运行结束后，HL 熄灭。

请在 90 min 内完成控制系统的原理电路设计、安装接线以及运行调试。

1．电路设计

根据控制要求，画出 PLC 与变频器联合控制的原理电路。

2．分配 PLC 输入 / 输出点

列出 PLC 的输入 / 输出（I/O）点，并写出 I/O 接口地址。

3．工具设备及元器件选择

根据控制原理电路，写出电路安装检查所需的工具设备及元器件名称和型号等。

4．配线安装

写出配线安装的主要步骤和注意事项。

5．PLC 程序编写

画出 PLC 程序梯形图。

6. 参数设置

写出变频器的参数设置清单。

7. 运行调试

按照控制要求进行模拟调试。

（1）PLC 调试步骤与结果：

（2）联机调试步骤与结果：

第四章　变频器在典型控制系统中的应用

§4-1　变频器在恒压供水系统中的应用

一、填空题（将正确答案填在横线上）

1．恒压供水是指在供水管网中，无论＿＿＿＿＿＿如何变化，出水口的＿＿＿＿＿＿始终保持不变的供水方式。

2．恒压供水系统的根本控制对象是＿＿＿＿＿＿，即泵在单位时间内抽送流体的数量，一般指＿＿＿＿＿＿，用＿＿＿＿表示，单位为 m^3/s。

3．变频器恒压供水系统常用的方案有＿＿＿＿＿＿＿＿＿、＿＿＿＿＿＿＿＿和＿＿＿＿＿＿＿＿＿＿等。

4．在一台变频器控制一台水泵的恒压供水系统中，输出环节由＿＿＿＿＿＿执行；转速控制环节由＿＿＿＿＿＿控制，实现变流量＿＿＿＿控制；压力检测环节由＿＿＿＿＿＿检测管网出水压力，把信号传递给变频器，通过变频器的＿＿＿＿功能来控制水泵的转速，实现了一个闭环控制系统。

5．在供水系统中，要研究节能问题必须从调节流量入手，常见的方法有＿＿＿＿＿＿和＿＿＿＿＿＿。

6．在实际应用中，对变频器的选择要注意合理考虑变频器的＿＿＿＿＿和＿＿＿＿＿。

7．选择变频器类型时，应根据实际＿＿＿＿＿、＿＿＿＿＿和＿＿＿＿＿的类型来选择。

8．针对恒转矩负载，选择变频器时有两种情况：一是选择＿＿＿＿＿＿变频器；二是选择＿＿＿＿＿＿＿＿＿＿＿＿变频器。

9．在变频运行时，一旦变频器出现故障而跳闸，可自动切换为＿＿＿＿＿运行方式，同时发出声光报警。

10．变频与工频的切换有＿＿＿＿和＿＿＿＿两种方式，大多数通用变频器内置了复杂的＿＿＿＿＿＿＿＿功能，因此，只需要进行相关的＿＿＿＿＿设置，输入自动切换选择、＿＿＿＿和＿＿＿＿等信号，就能很容易地实现切换功能。

11．常用生产机械有＿＿＿＿＿＿＿、＿＿＿＿＿＿＿和＿＿＿＿＿＿＿三种负载类型。

12．风机、泵类负载一般选择＿＿＿＿＿＿＿＿＿或＿＿＿＿＿＿＿＿＿变频器。

13．通用变频器的容量选择主要根据电动机的＿＿＿＿＿＿、＿＿＿＿＿＿和＿＿＿＿＿＿等进行确定。

14．压力传感器主要用来检测供水总管路的出水压力，为系统提供反馈信号。常用的压力传感器有＿＿＿＿＿＿＿＿和＿＿＿＿＿＿＿＿＿＿两种。

15．压力变送器是一种能够将＿＿＿＿＿＿＿＿转换成＿＿＿＿＿＿＿＿＿＿＿的装置。

16．远传压力表实际上是一个电阻值随________变化而变化的电位器，其基本结构是在压力表的________附加一个能够带动电位器________的装置。

17．变频器与电动机之间不可加装________或________装置。

18．晶体管输出端子配线时，应注意外接电源________，外接继电器时，应反并联连接________；继电器输出端子配线时，外接交流负载时，应并联________。

19．变频器应避免安装在阳光直射、________、________及________的场所；严禁安装在有________、________气体的场所；尽量远离________和________的其他电子仪器设备。

20．在配电柜内安装变频器时，要注意排风位置。多台变频器要________安装，若上下安装，中间应用________隔板隔开。

二、选择题（将正确答案的序号填在括号内）

1．在恒压供水系统中，当用水量减少时，供水流量 Q_C> 用水流量 Q_U，电动机转速下降，此时压力 P、反馈信号 XF 和变频器输出频率等将分别（　　）。

A．上升、上升、下降

B．上升、上升、上升

C．上升、下降、下降

D．下降、上升、下降

2．变频器应安装在通风良好的室内场所，环境温度要求在（　　）内。

A．−10 ~ 40 ℃　　B．10 ~ 40 ℃

C．0 ~ 40 ℃　　D．40 ℃以上

3．变频器一般安装在海拔高度（　　）m 以下，否则应降额使用。

A．1 000　　B．1 200　　C．500　　D．1 500

4．变频器与电动机之间的连接导线长度小于（　　）m 时，其线径可按电动机容量来选择。

A．10　　B．100　　C．50　　D．20

5．为保证安全，变频器和电动机必须安全接地，接地电阻小于（　　）Ω。

A．20　　B．0.5　　C．4　　D．10

6．下列选项中属于变频器日常维护与检查项目的是（　　）。

A．周围环境　　B．功率模块

C．连接导线　　D．电解电容

三、判断题（正确的打“√”，错误的打“×”）

1．当变频器出现故障时，工频运行与变频运行可以互相切换，切换时电动机必须停止运行。（　　）

2．选择变频器时，应考虑实际工艺要求、应用场合和所驱动负载的类型。（　　）

3．变频器冷却风扇属于日常检查项目。（　　）

4．只有经过培训并被授权的合格专业人员才能进行变频器的检查、拆卸与维修。（　　）

四、简答题

1．简述恒压供水系统的主要参数。

2．简述变频器恒压供水系统几种常用方案的特点。

3．简述变频恒压供水系统的优点。

4．简述变频器的常见故障及其处理方法。

§4–2　变频器在升降机控制系统中的应用

一、填空题（将正确答案填在横线上）

1．传统升降机普遍采用交流绕线式异步电动机________调速方式，电阻的投切由________–________控制。

2．升降机的升降是利用电动机正反转卷绕钢丝绳带动吊笼上下运动来实现的，其一般由________、________、________、________以及各种主令电器等组成。

3．吊笼的升降过程是一个________控制过程，要求先________，再________，当接近终点时________，共三个行程区间。

4．升降机自动控制系统主要由________、变频器和________组成。

5．确定制动电阻阻值的方法有________和________，实际操作中一般采用________。

6．升降机在下降过程中会产生________制动，所以变频器需外接制动电阻。

7．确定制动电阻容量（功率）的原则是在制动电阻的________不超过其允许值的前提下，应尽量________容量。

二、选择题（将正确答案的序号填在括号内）

1．功率为 5.5 kW 的单相变频器，选择制动电阻阻值的大小应为（　　）Ω。

A．150　　B．100　　C．30　　D．300

2．功率为 5.5 kW 的单相变频器，选择制动电阻功率的大小应为（　　）W。

A．200　　B．100　　C．500　　D．300

3．功率为 5.5 kW 的三相变频器，选择制动电阻阻值的大小应为（　　）Ω。

A．150　　B．100　　C．40　　D．300

4．功率为 15 kW 的三相变频器，选择制动电阻功率的大小应为（　　）W。

A．500　　B．780　　C．1 560　　D．300

三、判断题（正确的打“√”，错误的打“×”）

1．在位能负载下放时，电动机制动较快，会使变频器中的“制动过电压保护”动作，防止变频器损坏。（　　）

2. 选用通用变频器的基本原则是既要满足生产工艺的要求，又要在技术经济指标上合理。（　　）

3. 变频器的空载状态即变频器接通电源而不接电动机的工作状态。（　　）

四、简答题

1. 简述升降机控制系统的组成及工作原理。

2. 简述升降机控制系统所使用的变频器应如何选择。

§4–3 变频器在龙门刨床拖动系统中的应用

一、填空题（将正确答案填在横线上）

1. 龙门刨床主要由床身、＿＿＿＿＿＿、侧刀架、横梁、＿＿＿＿＿＿、顶梁以及＿＿＿＿＿＿等部件组成。

2. 龙门刨床通常采用＿＿＿＿＿＿＿调压调速，并加一级机械变速，使工作台调速范围达到__________，工作台低速挡的速度为 6 ~ 60 m/min，高速挡的速度为__________m/min。

3．静差度是指要求负载________时，工作台速度的变化在允许范围内。龙门刨床的静差度一般要求为__________，B2012A 型龙门刨床的静差度为____。

4．工作台运动特性分______________和______________两种情况。

5．龙门刨床工作台运动速度较高时，切削力受机械结构的强度限制，允许的最大切削力与速度成__________，因此，电动机为恒功率输出。

6．龙门刨床工作台往复运动过程主要分为__________________、____________________和________________三个阶段。除此之外，工作台往复运动中还包括______________和____________过程。

7．工作台也称__________，用于安装工件，由__________拖动沿导轨做往复运动。

8．在龙门刨床自动控制系统中，润滑油泵电动机是由__________________控制其运行的，热继电器作为__________保护。

二、选择题（将正确答案的序号填在括号内）

1．龙门刨床的主运动是（　　）。

A．工作台的往复运动　　B．进给运动

C．横梁的夹紧运动　　D．横梁的升降运动

2．横梁升降电动机 M6 是由接触器（　　）控制上升的。

A．KM8　　B．KM9　　C．KM4　　D．KM5

3．工作台前进与后退的极限保护是由（　　）控制的。

A．SQ2、SQ4　　B．SQ3、SQ1

C．SQ2、SQ5　　D．SQ2、SQ1

4．功率 P_N=55 kW 的交流电动机，选择变频器的容量应为（　　）kW。

A．55　　B．45　　C．75　　D．30

三、判断题（正确的打“√”，错误的打“×”）

1．龙门刨床主要用于刨削大型工件，可同时加工多个零件。（　　）

2．龙门刨床的立柱主要用于安装垂直刀架。（　　）

3．龙门刨床工作台低速挡的速度为 9 ~ 90 m/min。（　　）

4．在低速加工区，电动机为恒转矩。（　　）

5．电动机高速运动属于恒功率输出。（　　）

6．B2012A 型龙门刨床调速系统的主电路共由 5 台电动机组成。（　　）

四、简答题

1．简述龙门刨床各组成部分的作用。

2．简述 B2012A 型龙门刨床调速系统主电路各台电动机的控制功能。

3．简述龙门刨床拖动系统的控制要求。

4．简述用变频器和 PLC 对龙门刨床控制系统进行改造后的效果。